生活处处有运算

主　　编：张　矩
副主编：袁　欣　林小光
美术指导：葛　良

U0304649

西南师范大学出版社

国家一级出版社　全国百佳图书出版单位

图书在版编目（CIP）数据

生活处处有运算 / 张矩主编. -- 重庆：西南师范
大学出版社, 2020.12
　　ISBN 978-7-5697-0565-2

　　Ⅰ.①生… Ⅱ.①张… Ⅲ.①算术运算—青少年读物
Ⅳ.①O121-49

中国版本图书馆CIP数据核字(2020)第238856号

生活处处有运算

SHENGHUO CHUCHU YOU YUNSUAN

主　编：张　矩

责任编辑：张浩宇
封面设计：谭　玺
排　　版：重庆共点科技有限公司·刘　伟
出版发行：西南师范大学出版社
　　　　　地址：重庆市北碚区天生路2号
　　　　　网址：http://www.xscbs.com
　　　　　邮编：400715
印　　刷：永清县晔盛亚胶印有限公司
幅面尺寸：140mm×203mm
印　　张：5
字　　数：70千字
版　　次：2021年3月　第1版
印　　次：2022年5月　第4次印刷
书　　号：ISBN 978-7-5697-0565-2

定　　价：20.00元

序

我们有根据说数学是人类固有的天赋。众多数学爱好者对数学如痴如醉，然而，我们可爱的小读者面对数学功课却经常感到枯燥乏味。是因为初学者必须经过艰苦的努力才能跨入数学的门槛，还是大多数人就是欣赏不了数学的美妙？也许，我们希望，仅仅是他们没有找到一本好看的数学书。

数学精练、严密的结构，是值得我们欣赏的。数学是人类在历史长河中，在不同的地域、不同的社会文明环境当中，在不同的哲学理念指导下，为了精神上的或者实用的目的，经过辛勤耕耘产生的伟大思想成就的精华。

如果我们能够把数学知识形成的背景与思路细细道来，也许数学能够显得稍微生动有趣一点儿。

在之前出版的《天梦奇旅》系列漫画中，我们塑造了一组人物，通过故事赋予了他们鲜明的性格。我们也让他们来"表演"这本书的内容，希望同学们能够喜欢。

主要人物介绍

易佰分：
小梦班上的学霸，
好胜心极强，经常
引起他人的反感。

布慧庞：
小梦的同学及好友，
吃货一枚，为人憨
厚，懂事善良。

姚爱国：
小梦班上的班长，
一个热血男孩。

夏小梦：
本书主角。小学三
年级学生，夏小天
的姐姐，拥有酷酷
的性格。

美琪：
小梦班上的班花，
家庭富裕，受班上
男生喜欢，爱耍小
性子，非常自恋。

李斯特：

小梦学校的数学老师，头脑灵活，学识丰富，外表俊朗，为人自信，受到全校师生喜爱。

迪卡卡：

小梦学校的校长，原是全球排名第一的拉弗儿大学的数学系高级教授，为人睿智低调。

张玲：

小梦班上的班主任。职业女性，循规蹈矩，服从上级，爱护学生，但易被激怒。

夏小天：

夏小梦的弟弟，在本书中以小精灵的身份出现。外表看似呆萌，实则是IQ超过200的天才，经常黏着姐姐夏小梦。

目录

第一话
乘方的进化之路　001

第二话
身高的较量　017

第三话
负负得正(上)　035

第四话
负负得正(下)　051

第五话
等式家庭　067

第六话
密而难分的未知数　079

第七话
设而难求的未知数　097

第八话
输在起跑线　113

第九话
亲密无间的朋友数　127

第十话
到底谁比较亏　141

第一话　乘方的进化之路

嘿……

你给我这些数字的和就行了。

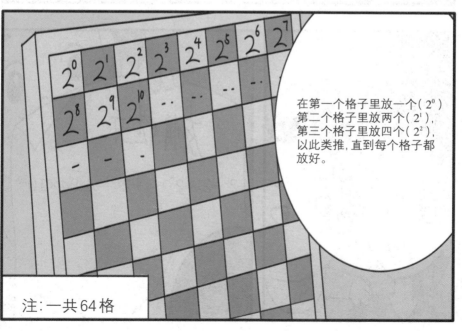

在第一个格子里放一个（2^0）第二个格子里放两个（2^1），第三个格子里放四个（2^2），以此类推，直到每个格子都放好。

注：一共64格

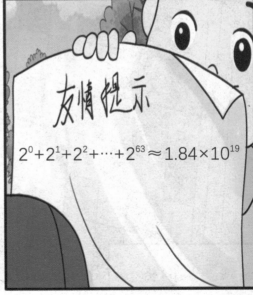

好狡猾的易佰分。

咳咳……

乘方的关键因素——指数项,是指数项的奇妙作用使得看似简单的事情变得令人吃惊。

$$a^n = \underbrace{a \times a \times \cdots \times a}_{n}$$

无视我的存在,就必然要付出代价。

阿基米德曾估计，填满宇宙需要的沙粒不超过 10^{63} 粒，可以说，在此时已有指数记号的形式和概念了。

宇宙有这么小吗？

不是宇宙有多小，而是你不知道这个数字有多大！

李老师，幂的概念是何时出现的？

刘徽为《九章算术》作注时,在注释关于求矩形面积的法则中写道:"此积谓田幂,凡广从相乘谓之'幂'。"这是第一次在数学文献中出现"幂"。

1607年,利玛窦和徐光启合译欧几里得的《几何原本》时,徐光启重新使用了"幂"字,并注解:"自乘之数曰'幂'。"

你是在科普各种第一次吗?

这叫知其然也知其所以然。

这些只是概念,十七世纪,具有"现代"意义的指数符号才出现。

比尔吉则把罗马数字写于系数数字之上,以表示未知量次数。

其后,哈里奥特以 aa 表示 a^2,以 aaa 表示 a^3。

1636年,居住在巴黎的苏格兰人休姆以小写罗马数字放于字母之右上角的方式表达指数。

如以 A^{iii} 表示 A^3,该表示方式已与现在的指数表示法相似。

直到笛卡儿以较小的阿拉伯数字放于右上角来表示指数，才成为现在通用的指数表示法。

可是我知道指数不仅仅有自然数，还有负数、分数……

例：

自然数： 1,2,3…

负数： -1,-2…

分数： $\dfrac{1}{4}$, $\dfrac{2}{11}$ …

本来幂的指数总是正整数，但是随着数的扩充，指数概念也在不断完善。

嗯。

易佰分！棋局上分高低！

......

也罢，再给你一次机会。

哎呀,巧了!这不是李老师吗?

原来是夏先生，
快请坐。

没想到我这篮球明星般的身高却没有遗传给小梦。

咳……

其实小梦的身高和夏先生有差距刚好符合了高尔顿回归效应。

10年后……

小天　　小梦　　易佰分

这只是高尔顿先生基于1000多份身高数据提出的中位数回归现象。

中位数是什么数？

貌似也没什么用处。

不了解才不会用！中位数最早可是应用于航海的。

1599年航海家爱德华·赖特就将指南针的统计值从大到小排成一列,越在中间的越接近南方。

为什么是在中间的数值?

中位数是用来描述数据的集中趋势的工具。

数据

中位

数据

那和平均数有什么区别？平均数也可以体现数据的集中性。

嗯……

同时代的艾德沃斯发现,平均数对极端值非常敏感,而中位数没有这一问题。

中位数不受某一个数据大小的影响,它只和数据的个数有关。

200, 250, 300, 1000, 2000,
平均数:750, 中位数:300;
200, 250, 300, 500, 1000,
平均数:450, 中位数:300。

看，这两组数据平均数变化还是比较大的。说明平均数容易受到最大值和最小值的影响。

……

总有人会看得到真理的。

就像高尔顿在研究祖先和后代的身高关系时发现了"回归现象"。

回归现象？

就是人们的身高会偏向一个中间值,当父亲的身高高于平均身高时,他的孩子有更大的可能性比他矮,反过来也一样。

20岁儿子　　爸爸　　正常身高

哈哈……

嗯……你还会长高的。

服务员,再要杯牛奶!

第三话 负负得正（上）

那我的欠债就是(−10)×(−5)=50对吧?

对!

现在"+50"就是你欠我50块,对吧?!

啊……

50?

教师办公室

挺厉害嘛！连"司汤达的疑问"都知道。

我们不要司汤达！我们要公平！

嗯……5块的债务与10块的债务乘起来结果反而是收入,这正是司汤达的疑问。虽然它符合"负负得正"运算法则,但是却不符合实际情况!

19世纪的法国作家司汤达小时候很喜爱数学。

但当老师教到"负负得正"运算法则时,他一点儿都不理解。

老师,什么是负负得正?

他的数学补习老师夏贝尔先生也不能解释,只会不断重复课程内容,敷衍了事。

这个下次讲。

昨天也是这么说的!

昨天?问得好!昨天你把我晾的衬衣涂成什么样了你来看看!

司汤达真可怜啊!

哎。

可怜的司汤达被"负负得正"困扰了很久，最后，在万般无奈之下只好接受了它。

可是，"负负得正"也动摇了他对于数学与数学教师的信心。

也是！负负为什么得正？我还没想过这个问题呢。

当时他得出的结论是：迪皮伊先生很可能是个骗子。

夏贝尔先生根本提不出什么问题。

此刻我的梦想就是能有人解答这个疑问。

校长办公室

..#@8..^.."%#、?……

校长

待我用"负债"模型助你一臂之力。

第四话 负负得正（下）

校长出马，一个顶俩！

哈哈哈……

哈哈……

咳咳……

昨日欣闻有学生想让我解释"负负得正"运算法则……

校长不要卖关子了，都在等着呢！

诗人奥登曾武断地说："负负得正，其理由我们无须解释！"

我一夜没睡觉，你就给我讲这个？

咳咳……

欧拉对等式(－1)×(－1)=1是做过"证明"的。

他认为：(−1)×(−1)
等于1或者−1。

但是我们都知道，(−1)×1等于？

所以(−1)×(−1)=1。

等于−1。

？

终于轮到我夏小梦上场了吗？

M.克莱因是用"负债"模型完美解释了这个运算法则。

……

欢迎夏小梦同学上台来给大家讲讲!

糟糕,一时高兴过头全忘了!!!

提供掩护!

就知道你找小天取经了。

小梦不舒服,我们想听校长爷爷讲。

一人每天欠债5美元,3天后欠债15美元。
可以表示为:3×(-5)。

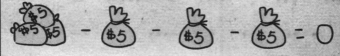

一人每天欠债5美元,那么在给定日期的3天前,
他的财产比给定日期的财产多15美元。

用-3来表示3天前,用-5表示每天欠债,那么3天前
他的经济情况可表示为(-3)×(-5)=+15。

这个解释可以接受。

苏联著名数学家盖尔范德则作了另一种解释：3×5=15代表3次得到5美元，即得到15美元；3×(−5)=−15代表3次付5美元罚金，即付罚金15美元；(−3)×5=−15：没有得到5美元3次，即没有得到15美元；(−3)×(−5)=+15：未付5美元罚金3次，相当于得到15美元。

盖尔范德

如果司汤达生活在20世纪,遇见良师如M.克莱因和盖尔范德,那么,他对数学的信赖与热爱一定会更多。

我们有李老师和校长!

数学里有很多看似简单却难以解释的现象,数学教师确实需要正视学生所提到的各种"为什么"。

那为什么小孩要被送到学校,而不能想玩就玩呢?

不是所有的"为什么"都能解释清楚的。

第五话 等式家庭

喜剧小品说得好,只有在算错的情况下1+2才不等于3。

狄利克雷第一个孩子出生时,他给岳父岳母报喜的信里就写了"2+1=3"这个式子。

所以数学王子高斯说过，科学规律只存在于数学之中。

这话阿伏伽德罗不见得会认同。

难道他一个化学家也想研究"1+2"？

阿伏伽德罗(1776—1856年)

简介:意大利化学家。1811年发表了阿伏伽德罗假说,也就是今日的阿伏伽德罗定律,并提出分子概念及原子、分子区别等重要化学问题。

阿伏伽德罗说过,数学确实是一切自然科学之王,但如果没有其他科学,数学就失去了自己真正的价值……

我们的数学小王子高斯当然不甘示弱,于是他反驳:对于数学来讲,化学只能起一个助手的作用……

啊!

废话咋这么多呢!讲重点!重点!

然后阿伏伽德罗在高斯面前做了一个实验,他用2升的氢气混合1升的氧气燃烧,得到了2升的水蒸气。

水蒸气

所以只要化学家愿意,能使"1+2=2",而在数学上这是永远不可能的!

没错!这个式子在数学上是永远不成立的!

含有等号的式子是等式。那么,矛盾等式就是有矛盾的式子。

可以这样理解, 矛盾等式就是不成立的等式。

我记得除了矛盾等式好像还有一个条件等式。

哇! 毕业这么多年你还记得。

看来老爸是个隐藏的学霸呀, 哈哈!

所以条件等式就是在给定条件下成立的式子吗？

差不多！比如 $x-9=2$，只有 $x=11$ 时这个等式才成立，叫作条件等式，规定 $x \neq 11$ 时就是矛盾等式。

我算是听懂了，等式和这两块西瓜是一样的。当两块西瓜大小相同时，就处于平衡相等状态。

哼！

等式两边同时加上或减去同一个数，同时乘以或除以同一个不为"0"的数等式仍然成立。

第六话
密而难分的未知数

第六章

（易佰分日常）

你也有心情来挤公交？

082

要不是家人今天外出旅游了，我能跟你在一起？

考你个问题。

?

列方程呗!

我们用 x 表示最开始在车上的人,就可以得到方程 $x+5-7+3-1+6-9=12$。

$$X + 5 - 7 + 3 - 1 + 6 - 9 = 12$$

方程不就是含有未知数的等式吗？

你也只预习了这点儿吧！知道"方程"最早记录于中国的《九章算术》中吗？

《九章算术》里已经有表示未知数的符号吗？

额……

这个……

中国古代数学家刘徽在注释《九章算术》时提到过:程,课程。二物者二程,三物者三程,皆如物数程之,并列为行,故谓之方程。

能不能好好说话,一言不合就是古文。

大概指有几个未知数就必须列出几个等式。一次方程组各未知数的系数用算筹表示时好比方阵,所以叫作方程。

方程可不是一本《九章算术》就能说明白的, 它是好多数学家一棒接着一棒完成的伟大成就。

是在玩接力赛跑吗?

啊, 我想起了丢番图墓志铭上的数学题目, 看来他对方程是真爱呀!

完全不懂你的脑回路。

车来了

考考你,方程有哪些分类?

......

要说起方程的分类那可就太多了!

我看看书。

找到了！超越方程、代数方程，还有……

易佰分！

你慢慢找吧，我们走了！

第七话

设而难求的未知数

接下来,翻到......

103

学数学一定要背公式吗？

记忆力很好啊！那你的数学公式怎么经常写错？

老师我会做！

所以方程是关于自然界已知和未知关系的数学表达式，而方程的解法就是人们打开未知世界大门的钥匙。

解：设丢番图活了 x 岁

$x - [(1 \div 6)x + (1 \div 12)x + (1 \div 7)x + 5 \div (1 \div 2)x + 4] = 0$

$x - [\frac{1}{6}x + \frac{1}{12}x + \frac{1}{7}x + 5 + 0.5x + 4] = 0$

$\frac{3}{28}x = 9$

$x = 84$

答：丢番图活了 84 岁

老师，我做完了。

自毕达哥拉斯学派后，数学研究的兴趣中心在几何，因此代数也披上了几何的外衣。

直到丢番图，才把代数解放出来，摆脱了几何的羁绊。因此他和韦达被后人并称为"代数学之父"。

代数学之父

李老师是在开大人名堂吗？

正是德国的韦达首次使用字母表示数字系数的一般符号，他创设了大量的代数符号，用字母代替未知数。

方程是古今中外大量数学家历经数千年的成果累积，说是名人大讲堂也没错。

现在还只是最简单的一元一次方程,多元多次的方程还在等待着你!

一元一次方程虽然简单,但是也有不少经典例子,像鸡兔同笼问题、有限循环小数化为分数问题……

不要啊！！！

……

没关系，我们今天要学的是方程里面最简单的一元一次方程……

小梦家

115

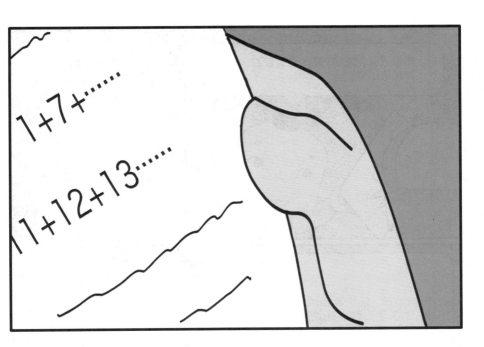

那你可有得忙了,算术是全世界人民智慧的结晶!

所以意思是只有我不喜欢它吗?

那倒不是,只是最早的"算术"不是现在数学计算的意思,是指"数学游戏"。

游戏?

完全不懂希腊人的脑回路，感觉他们无时无刻不在学数学。

在12世纪以前，欧洲的数学水平还处于"黑暗时期"，他们使用罗马数字和非十位制记数法，导致了他们的算术内容基本上是研究数的性质。

其实我比较感兴趣的是中国"算数"的发展。

一般观点认为，在中国，"算数"一词正式出现于《九章算术》中。

九章算術

哦，都讲了些什么？

比如"方田"讲土地面积的计算,属于几何的范围。"粟米"讲的是各种粮食之间的兑换,主要涉及比例知识,所以中国古代的"算数"是泛指数学整体。

方　田

粟　米

可是现在的算术不是用来计算自然数和分数吗?

没错!现在的算术就是各种运算符号下产生的数的性质、运算法则,以及在实际生活中的应用。

嗯，从19世纪起，西方的代数、三角等数学学科相继传入中国，到1939年才确定使用"数学"一词。

数 学

1 9 3 9

幸亏分开了，不然我可能连34分都考不到了。

现在的算术，只是小学的教学科目，它包含两部分内容，一部分讨论自然数的读法、写法和基本运算，另一部分就是算术运算的方法与原理的应用。

就是说这张卷子中分数与百分数计算、各种量及其计算、比和比例、算术应用题其实只是数学的冰山一角吗？

第九话 亲密无间的朋友数

易佰分, 多拍几张, 这是我和小梦两人之间友谊的见证!

就像朋友数一样!

结交朋友,与数有关系吗?

据说,毕达哥拉斯的一个门徒
向他提出过同样的问题。

数字也可以像朋友一样亲密?

朋友是你灵魂的倩影,要像220和284一样亲密。

某些自然数 a, b 之间有以下关系:a 的所有真因子的和等于 b,而 b 的所有真因子的和等于 a,我们就把 a, b 称为一对亲和数,也称朋友数。

a, b

这不是在背定义吗!

从此毕氏学派宣称:人之间讲友谊,数之间也有"友谊"。

我和小梦就是一对朋友数。

既然发现了第一对亲和数,那就能发现第二对、第三对……

知音难觅，亲和数就像是数论王国中的一朵小花，寻找亲和数让数学家们绞尽脑汁。

也许我能发现一对亲和数。

不好意思！

距离第一对亲和数被发现2500多年以后，1636年，"业余数学之王"费马找到了第二对亲和数17296和18416。两年之后，笛卡儿也宣布找到了第三对亲和数9437056和9363584。

看来亲和数越来越大，也越来越难找了！

费马虽然是个业余数学家，可是他的成就不亚于同时代的职业数学家。

业余的都能这么厉害吗？

费马和笛卡儿在两年的时间里，打破了2000多年的沉寂，激起了后续数学家们重新寻找亲和数的兴趣。

然而他们试图用灵感与枯燥的计算来发现新的亲和数，这恐怕是行不通的！

所以他们陷入了一座数学迷宫，难以继续发现新的亲和数。

我相信总有天才能走通这个迷宫！

当然，100年后的18世纪，年仅39岁的欧拉向全世界宣布：他找到了30对亲和数，随后又扩展到60对。

小天，你来说说
这有道理吗？

那个……

小天早就跑了！

第十话　到底谁比较亏

呼呼……

竟然让我一个人把东西带回来!

怪我咯!

薯片

接着!

薯片

"四舍五入"法只是计算近似值常见的一种方法,很多结果我们需要的精确度不同,所以要取近似值。

那倒是!我身高虽然只超过 1.56 米一点点,但是我可以宣称是 1.57 米,哈哈!

其实在"四舍五入"之前,人们也常用"去尾法"和"收尾法"来进行近似计算。

去尾?收尾?

去尾......

收尾......

嘿嘿......

去尾就是去掉小数部分取其整数部分,收尾则是舍去小数部分,同时将它的前一位数字加1 。

公元前2世纪的《淮南子》一书中就有出现；《九章算术》中也有"有分者，上下倍之"的说法。

嗯……

意思就是：有分数则取为整数。

所以那时候只对分数采用"四舍五入"？

还有小数呢！除此之外，"四舍五入"在天文学中使用得也很广泛。

天文学也有"四舍五入"?!

那是当然!

中国古代的数学从属于天文学。天文学家杨伟在制定历法时明确提出"半法以上排成一,不满半法废弃之"。

"法"是什么?

这里的"法"指分母,意思是说当分子大于分母的一半时可进为一,小于分母的一半时可舍去。

古人总是喜欢把简单的话说得文绉绉的,让人听得心累。

明代程大位在《算法统宗》中明确提出了现代意义下的四舍五入:"以五收之,以四去之。"

149

特别鸣谢

（以下排名不分先后）

重庆邮电大学科普写作社团：罗夕洋
重庆师范大学：崔梦梅

漫画制作：重庆樊拓思动漫有限公司、
彭云工作室、徐世晶、廖佳丽、黄慧